Discovery Education 探索·科学百科（中阶）

4级A4 人类的通讯

全国优秀出版社
全国百佳图书出版单位

广东教育出版社　学乐

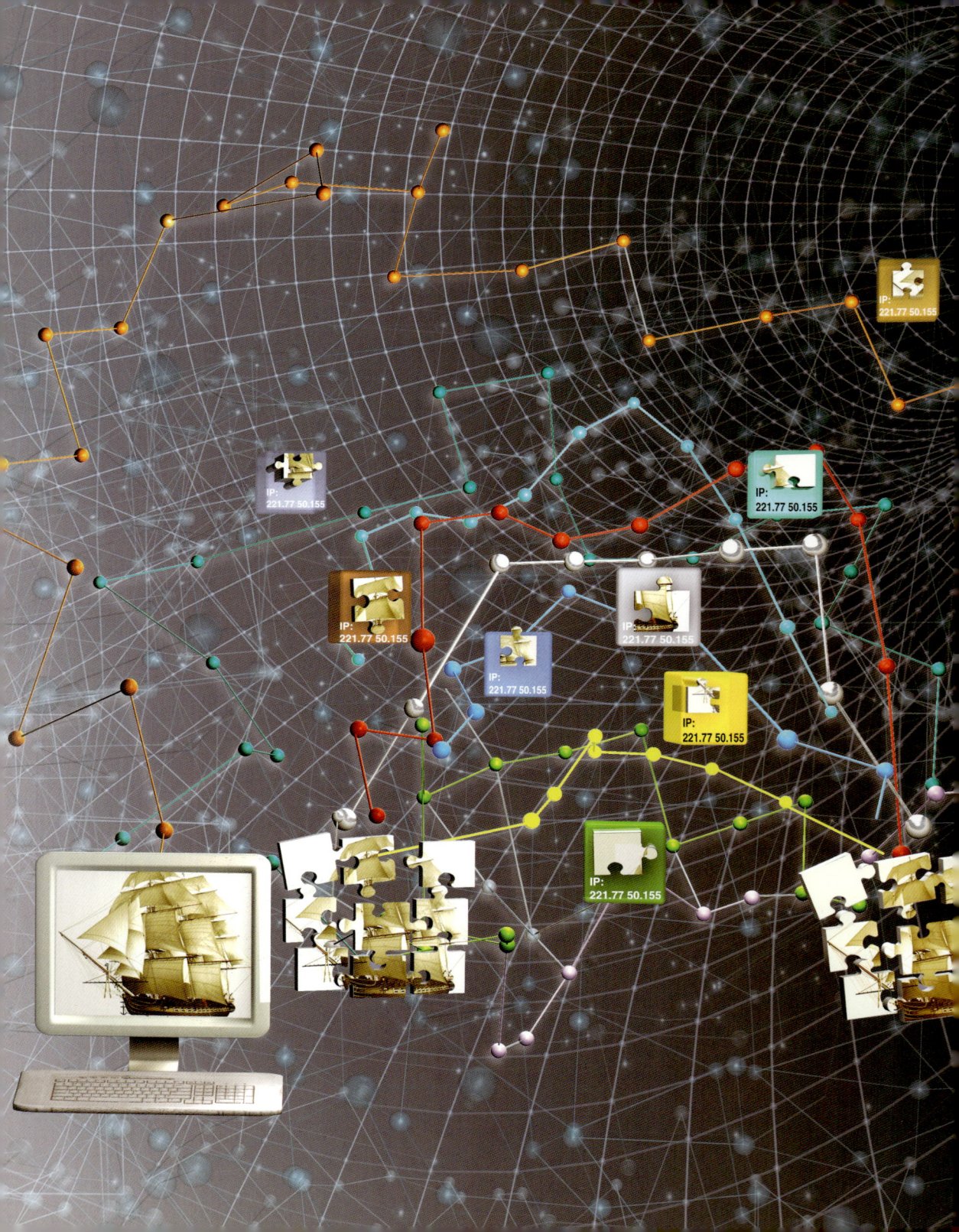

中国少年儿童科学普及阅读文库

探索·科学百科™ 中阶

人类的通讯

[澳]安德鲁·恩斯普鲁克⊙著

冯薇(学乐·译言)⊙译

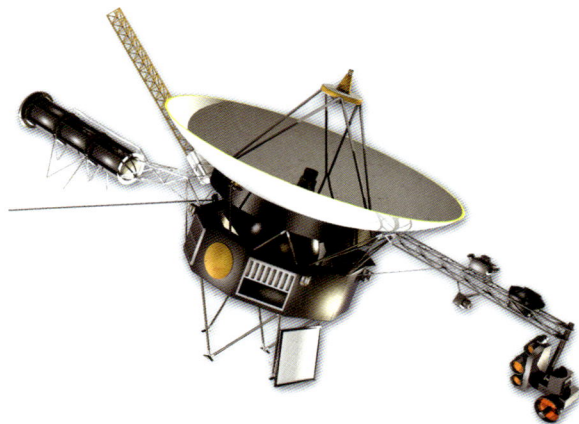

Discovery
EDUCATION™

全国优秀出版社
全国百佳图书出版单位
广东教育出版社 学乐

广东省版权局著作权合同登记号
图字：19-2011-097号

本书原由 Weldon Owen Pty Ltd 以书名*DISCOVERY EDUCATION SERIES · Wired World*
（ISBN 978-1-74252-214-2）出版，经由北京学乐图书有限公司取得中文简体字版权，授权广东教育
出版社仅在中国内地出版发行。

图书在版编目（ＣＩＰ）数据

Discovery Education探索·科学百科. 中阶. 4级. A4，人类的通讯/ [澳]安德鲁·
恩斯普鲁克著；冯薇（学乐·译言）译. 一广州：广东教育出版社，2014.1
（中国少年儿童科学普及阅读文库）
ISBN 978-7-5406-9483-8

Ⅰ.①D… Ⅱ.①安… ②冯… Ⅲ.①科学知识—科普读物 ②通信工程—少儿
读物 Ⅳ.①Z228.1 ②TN91-49

中国版本图书馆 CIP 数据核字(2012) 第167672号

Discovery Education探索·科学百科（中阶）
4级A4 人类的通讯

著 [澳]安德鲁·恩斯普鲁克　　译 冯薇（学乐·译言）

责任编辑 张宏宇 李 玲 丘雪莹　　助理编辑 李颖秋 于银丽　　装帧设计 李开福 袁 尹

出版 广东教育出版社
地址：广州市环市东路472号12-15楼　邮编：510075　网址：http://www.gjs.cn
经销 广东新华发行集团股份有限公司　　　　　印刷 北京顺诚彩色印刷有限公司
开本 170毫米×220毫米 16开　　　　　　　　印张 2　　 字数 25.5千字
版次 2016年5月第1版 第2次印刷　　　　　　装别 平装

ISBN 978-7-5406-9483-8　　定价 8.00元

内容及质量服务 广东教育出版社 北京综合出版中心
电话 010-68910906 68910806　网址 http://www.scholarjoy.com
质量监督电话 010-68910906 020-87613102　购书咨询电话 020-87621848 010-68910906

目录 | Contents

IP:
221.77 50.155

无处不在的网络

我们生活在一个相互联系的世界里，现代生活的主要特点就是人和各种各样的设备（如电脑和手机）时刻连接在一起。大家通过这样的连接即时共享数据、信息和知识。

有时候，我们共享的东西可能只是一则无关紧要的信息，比如我们午餐想去哪里吃或吃什么；而有时候，这些信息是非常有意义的，可以供分析使用，甚至能够挽救一条生命。现代科技的奇迹就是能让我们彼此相连，让每个人都能获得想要的信息。

家庭台式电脑

电脑从20世纪80年代开始进入普通家庭。今天，家庭台式电脑已经达到了数以千万计的规模，并且大部分都接入到了互联网之中，互联网有助于人们获取信息，实现人与人之间的连接，获取娱乐资源等等。

智能手机

智能手机并不仅仅是一部电话，它更像你口袋中的一台拥有电话和短信功能的电脑，智能手机能够实现许多电脑的功能，比如收发电子邮件和上网冲浪等。

ATM取款机

自动取款机（ATM）是现代网络世界的一个完美范例。你几乎可以使用世界上的任何一台ATM取款机，通过现代通信所提供的连接来查询你的账户余额并取款。

电力发明之前的通信

人与人之间总喜欢互相沟通，而沟通用的语言和歌曲早在一万年之前就已经出现了。不过，沟通的难点是当人们之间的距离超出人类声音能够到达的距离，以前，人类只能依靠提高自己的音量来让声音传得更远一些。

很早的时候，人类就开始探索长距离沟通的方法。有些通过听觉实现，比如击鼓或吹号；有些则通过视觉实现，比如释放狼烟、打旗语和信号灯等。这两类方法在一定程度上扩展了人类的沟通范围，并加快了沟通速度。

市镇传报员

在大多数人都不具备读写能力的古代，市镇传报员以人类历史上"第一个新闻播报者"的身份出现。他们首先会拉响一个铃铛，呼喊着"肃静！肃静！肃静！"然后宣读国王发布的官方声明、传递的新闻或者官方公告，如市集日或新近颁布的法律等。

狼烟

狼烟曾经被中国人和美洲的土著人使用。首先需要点燃一堆火，然后放上一些绿草或树枝来制造出烟雾，可以用一张毯子来控制烟雾的形状、大小以及燃烧的时间等。

非洲鼓

这种方式适用于在听觉信息比视觉信息更为有效的林区进行沟通。这种"会说话的鼓"能够通过模仿真实语言的语调、音节的长度和读词时的力度来传递信息。

军号

军号是与士兵进行沟通的一种有效方法，不同的军号能够告诉士兵们在不同的时间需要做什么事情，比如起床、吃饭、开始工作或睡觉等，目前军队中还在使用一些录音效果较好的军号。

教堂的钟声

教堂的钟声能够传达一些简单的信息，如"请过来祈祷"或"紧急集合，有紧急情况"等。此外，通过更改钟声的次数或使用不同类型的钟也能够传递出不同的消息。

旗语

旗语是通过对旗帜或光线的不同位置和组合来传递信息的一种方式。利用这种方式传递的信息一般是预先规定好的寓意或字母。旗语的信息通过望远镜来进行读取，传播的有效距离达数千米。

书面信息

书面信息的优点就是在不用进行翻译或他人转达的情况下，较为详细地传递较为复杂的想法，不过这种方式非常慢，因为必须要把它们从一个地方送到另一个地方才能完成传递。

信号灯和提灯

使用信号灯是夜间进行沟通的重要方法，尤其是海军舰艇之间。信号灯在19世纪就出现了，通过灯光的闪烁来代表摩尔斯码的不同符号和停顿，从而能够传递比较复杂的信息。

电力通信

电力的出现彻底改变了人们的通讯方式。1837 年，第一个试验性的电报成功发出，短短几十年后，一条信息就能瞬间传递到半个地球以外的地方，而这在以前则需要几个月的时间。未来数年后，信息传递的速度将会越来越快，所能传递的信息会越来越多，而传递的方式也会越来越简单。

通过电话、电子邮件和即时通讯（IM）等工具，如今人们的沟通能在瞬间完成，不管是在同一栋楼里，还是相隔千里。

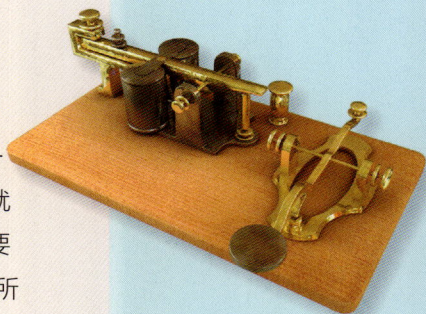

电报

电报是最先出现的一种即时通讯技术，能够在瞬间连接世界各地的人们。该技术主要基于发送摩尔斯码和长短不一的电脉冲信号来表示不同的字母和数字。

电话机

电话与电报具有相同的原理，但是增加了对语音和即时双向沟通的支持。电话发明于19世纪70年代，为数以百万计的用户提供了一种长距离的沟通方式。仅就美国而言，在1894年到1904年之间，电话的数量就从28.5万部猛增至331.7万部。

电台

电台是无线通信技术的第一种存在形式，后来发展成为单向沟通的媒介，利用广播来向大范围内的民众传播单一的信息或节目。1906年，人类历史上的首次广播诞生了，80年后，全美国已经拥有1.2万个广播电台。

电影

与电视和无线电类似，电影也是一种单向沟通方式。在发明初期，电影并不仅仅用来讲述故事，还经常被用来放映新闻报道片和比较短的纪录片等，这种情况一直持续到20世纪50年代。

电视机

电视机出现在20世纪50年代和60年代之间，电台首次将"大众传播"的方式带进普通家庭之中，而电视则进一步将其转变成为一个视觉媒体。由于能够传递新闻和娱乐节目等信息，电视机很快就受到了普通家庭的青睐。

卫星

通信卫星将那些无法通过有线电话联系的人们连接起来。最初，通信卫星主要用于拨打长途电话，现在则用来传递电视节目信号和互联网数据等。

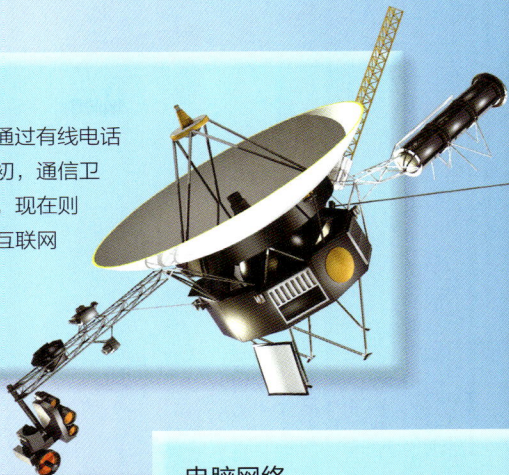

电脑网络

把家中和办公室里的电脑相互连接起来，就组成了电脑网络，它是一个能够传递信息、娱乐资源和图片的巨大网络。诞生于20世纪90年代的互联网目前已经开创了一个信息世界。

人工转接

在电脑和电子设备出现之前，所有的电话都是通过电话运营商来进行人工转接的（接线员以女性为主），依靠她们创建一个物理连接来实现两部电话之间的通信。

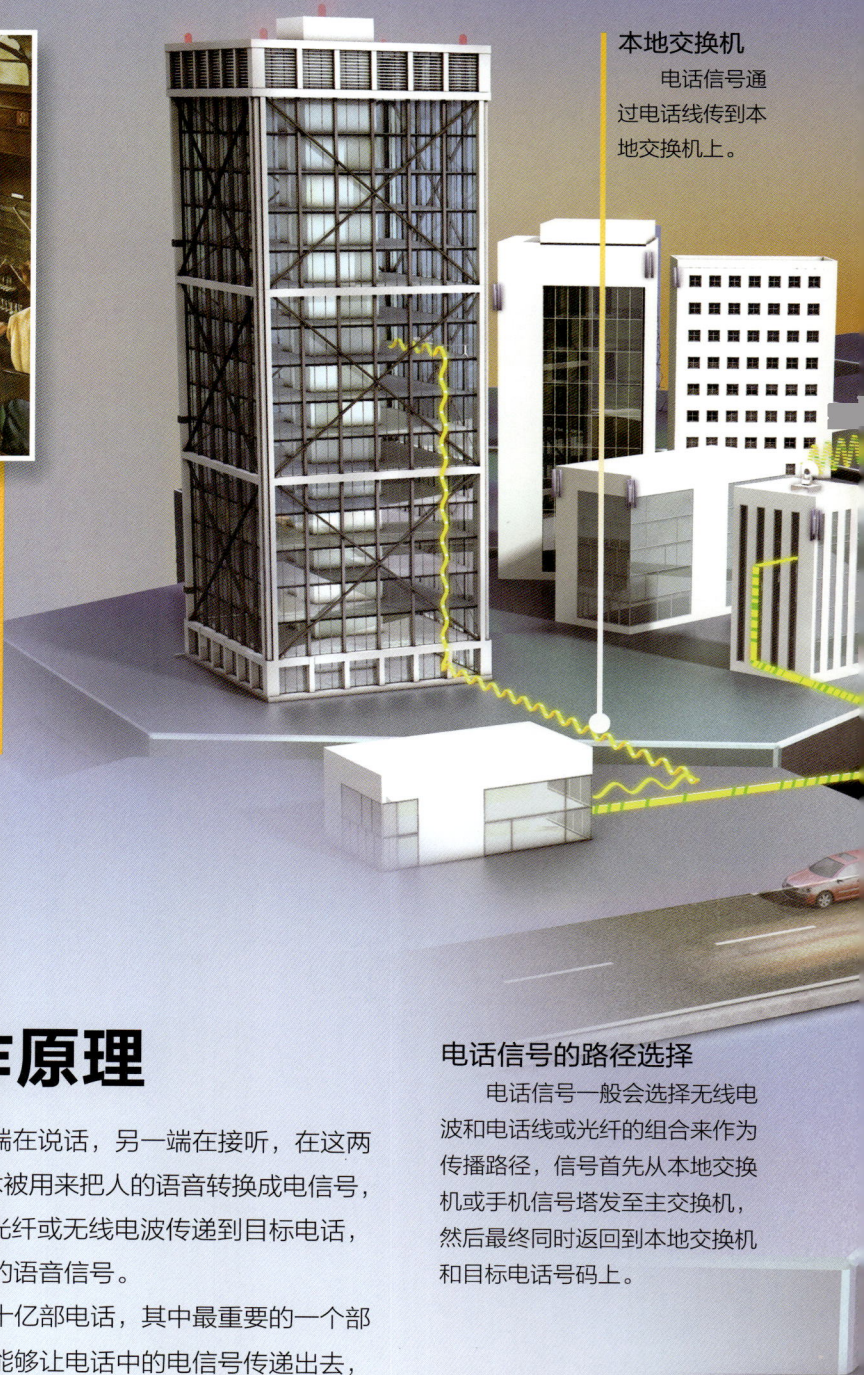

本地交换机

电话信号通过电话线传到本地交换机上。

电话的工作原理

在打电话的时候，一端在说话，另一端在接听，在这两者之间，大量的技术被用来把人的语音转换成电信号，电信号通过电缆、光纤或无线电波传递到目标电话，接着再转换成人们能够听懂的语音信号。

目前，地球上已经有数十亿部电话，其中最重要的一个部分就是电话交换机，该设备能够让电话中的电信号传递出去，并最终连接到正确的目标电话号码。

电话信号的路径选择

电话信号一般会选择无线电波和电话线或光纤的组合来作为传播路径，信号首先从本地交换机或手机信号塔发至主交换机，然后最终同时返回到本地交换机和目标电话号码上。

总机
之后从本地交换机传递到地区主交换机上。

主交换机之间
电话信号接着被传递到覆盖有目标电话的"目标主交换机"上。

手机信号塔
该设备用来接收来自手机的电话信号，并为其安排移动转换的路径。

手机信号
一部手机能够与距离最近的手机信号塔进行信号传递。

全世界的电话系统每天要处理发生在 46 亿部手机和 13 亿固定电话之间的几十亿次通话和短信。

现代的电话系统
相比以前的人工电话交换系统来说，如今以电脑为基础的电话交换系统能够同时处理更多的线路和电话。这些系统更加小巧，运营成本也更低，功能也要比以往的设备更多一些。

? 你来决定

以前的电话都是固定座机，连着电话线放在一个特定的地方。而今天，手机大行其道，它们几乎能被带到任何一个地方，仅凭一个号码就能与别人通话，而不必再守在电话机旁。那么，究竟哪种方式更好呢？选择座机还是选择手机呢？

座机

座机通过电话线或光纤与电话系统相连接，它们需要被固定在一个地方，如家中或公司里，有时候甚至需要更为具体一些的位置，比如客厅或者接待区。座机的通话费用要比手机少一些。

固定电话

它们能非常好地完成一件事——打电话。由于听筒和底座之间有电线连接，所以它们需要固定在某个地方。

手机

手机在信号塔覆盖范围之内的任何地方都能够使用。和固定电话不同的是，它不需要固定在某个特定的地方，手机的自由度更高一些，不过费用也较多一些。

拍照

几乎所有现代的手机都拥有许多和电话无关的功能，最常见的就是内置一个能用于拍照的摄像头，有的还可以用来拍摄视频，这意味着几乎每个人都随身携带了一部相机。

电子邮件和网上冲浪

智能手机能够像传输电话信号那样传输数据，这也就意味着它们能够让用户完成网上冲浪、收发电子邮件以及其他与数据移动有关的操作。

无绳电话

无绳电话使用一个座机连接到电话网络，但却很灵活，因为它的听筒通过无线电与底座相连并实现对诸多电话功能的控制，不过听筒需要在底座的无线电传输范围之内才能正常使用。

智能手机

从本质上讲，智能手机就是一台袖珍式电脑，它与普通手机之间的区别在于它能够与互联网连接，能够访问和传输数据，能为用户提供收发电子邮件、网上冲浪、即时通讯和社交网络等功能。当然，它们一样拥有普通手机的功能，如摄像、短信、接打电话等等。

相对于标准的电话键盘来说，智能手机通常装配有特殊的键盘，物理按键或者是触摸式的虚拟按键可以让用户在输入文字时更为简捷。

地图

大多数智能手机拥有"地图"功能，可以让用户更为简单地找到自己的位置，这些地图能够显示手机的位置，然后利用相关的数据，提供一条特定的能够到达目的地的路线。

社交网络

一些社交网络站点为人们提供了一种与朋友和熟人保持连接的方式，而智能手机则让人们更为方便地访问这些社交网站，毕竟人们在外出的时候也是很喜欢与朋友们相互联系的。

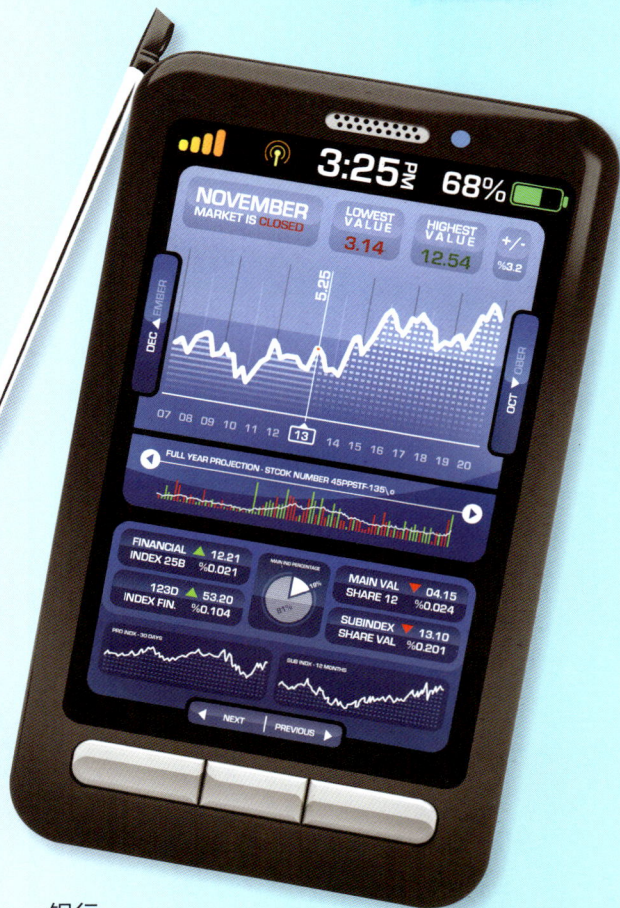

游戏

智能手机的游戏目前正处于蓬勃发展的时期，如今的手机拥有更强的处理能力和更为清晰的画面，所以能够为其开发出广受欢迎的游戏出来。这些游戏可以感应人的动作，让手机的移动也成为游戏的一部分。

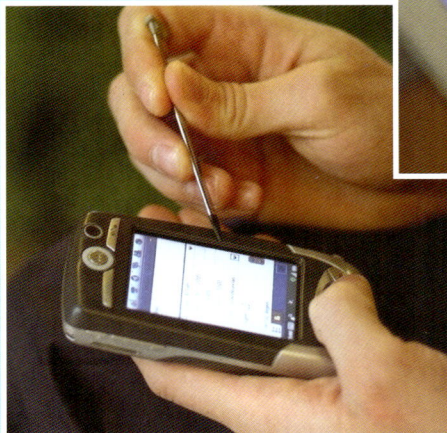

银行

当你想要检查自己银行账户的余额而手边却没有电脑时，应该怎么办呢？智能手机能够让你通过专门的应用程序、移动网络接口或直接通过手机连接到网上银行来完成相关操作。

个人数字助手

智能手机能够帮助你存储个人和企业的详细信息，它们能够利用日历功能来对约会进行跟踪，同时能够存储联系人的详细信息，这样你就不需要再随身携带一本地址簿了。

网上冲浪

如果你想去互联网上看一些东西，你的智能手机可以帮助你实现这一点。你在使用智能手机浏览网站时就会发现，网页的大小会根据手机屏幕的大小自动进行调整。

连接一切

互联网只有几十年的历史，但它已经完全改变了世界。电脑之间的相互连接和信息的自由共享为这个世界开创了更多的可能性。它改变了我们的沟通方式、获取新闻的方式、分享生活的方式以及与朋友和家人保持联系的方式。

万维网的出现其实没有多久。制作网页所使用的是一种名为"HTML"的特定类型的语言，这种语言能将信息呈现在屏幕上。HTML 出现于 1990 年，迄今为止你所看到的网页就是从那个时候开始创建的。

能够承受核弹袭击的网络

最初创建互联网的部分原因是美国军方希望能够在任何情况下都能保持对己方轰炸机和导弹的控制，哪怕遭受到核弹袭击。实现这一点的办法就是进行分散控制，如果部分网络出现瘫痪，其他部分能够自动在瘫痪区域周边选择新的路线。

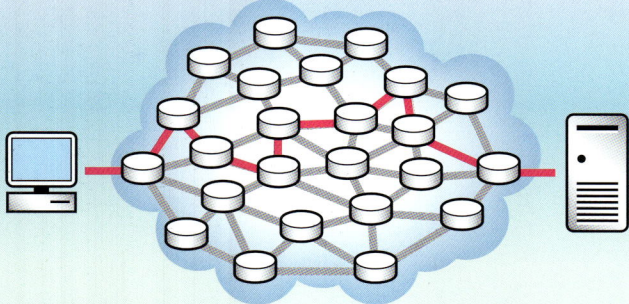

家

互联网是如何工作的

连接到互联网，需要一台能够发送和接收数据的计算机，这些数据能够传递到由任意数目所构成的计算机网络中，直到你能找到自己所需的信息为止。

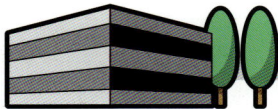

公司

7. 在线内容

用户在使用电脑通过互联网与其他电脑进行交流的渠道就是在线内容，比如网页、视频、音频或电子邮件等等。

电脑

调制解调器

防火墙

1.用户的电脑

当家用或商用电脑连接到互联网之后，它们能够帮助你进入一个拥有海量信息的在线网络之中。

2.连接设备

电脑在连接互联网时需要用到的连接设备有调制解调器、网卡、局域网（LAN）和路由器（有时并不需要）。

3.防火墙

电脑或局域网需要安装防火墙，用来保证电脑的安全，防止那些来自互联网的入侵行为。

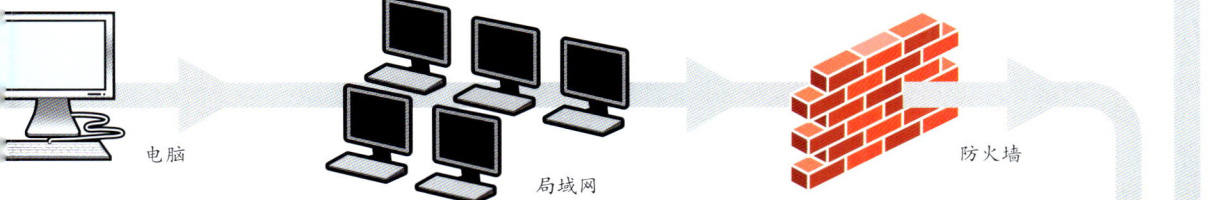

电脑

局域网

防火墙

4.本地环路载波器

通过该设备，用户们能够通过各种线路（有线电视线、电话线或通信公司提供的线路等）、卫星或无线连接等方式连接到互联网。

6.ISP主干网

ISP主干网能够将一个ISP（和与其相连接的用户）和其他的ISP相互连接起来，在这种高速的主干网上可以传输大量的数据。

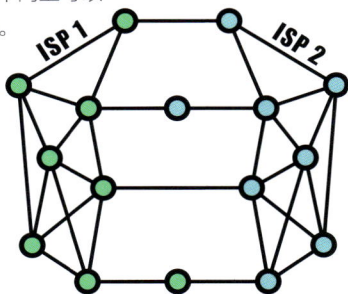

ISP 1　ISP 2

5.ISP

互联网服务提供商（简称ISP）为用户提供连接互联网的接口，使得互联网的连接和数据传输变得更为便利。

ISP

为什么需要网络?

大部分人可能没有考虑过这样的问题:"真的有必要与互联网相连接么?"因为对于我们中的大多数来说,这已经成为现代生活中的一部分。不过,这倒是个值得思考的问题。

与互联网相连接能够为我们提供海量的信息,可能会获得正在发生的新闻,也可能会访问到一些知识丰富的网站。这些连接使我们的选择变得更具灵活性,使我们的行动变得更具机动性,同时也让我们获得了与天涯海角的朋友、同事和家人实时交流的机会。

多人游戏

人们在网络中留连的原因之一就是它非常有趣。例如,多人在线游戏能让人们一起去感受奇妙的虚拟世界,而同时参与游戏的人可能近在你的隔壁,也可能远在地球的另一端。

实时通信

人与人之间的沟通方式正在因为互联网的出现而发生着变化,我们希望人们之间的沟通更为快速和稳定,例如电子邮件能够让我们把信件发送给任何一个拥有电子邮件地址的人,同时能够按照我们的期望瞬间到达。

信件

信件从一个地方传递到另一个地方需要数天,甚至数个星期的时间。150年前,一封从英国发出的信,要经过几个月才能通过船只送达澳大利亚。

即时消息

即时通讯拥有和信件相同的功能,但是信件的寄送时间是按天计算的,而即时消息的传递时间则是按秒计算的,有的甚至连一秒钟都不到。

网络创新

随着人们和各种设备之间的连接不断加强，网络的一些新用途逐渐被开发出来。比如，远程控制的摄像头能够让人们在远距离外进行观察，这对于那些想对野生动物进行观察的科学家们是非常有用的，同时它们还被安全部队采用。此外，还可以通过这些远程摄像头对拥有其他远程控制功能（如远程开启和关闭系统）的设备进行监控。

网络电话、在线聊天和视频会议为在家或办公室里的人们提供了互动的机会，这同样适用于与朋友和家庭成员之间的交流，同时也适用于那些需要医疗和技术支持的人们。

远程安全

保安机器人能够帮助政府对发生在公共场所的事情进行监控，它们能够远程传输视频和音频文件，同时能够自行移动自己的位置。

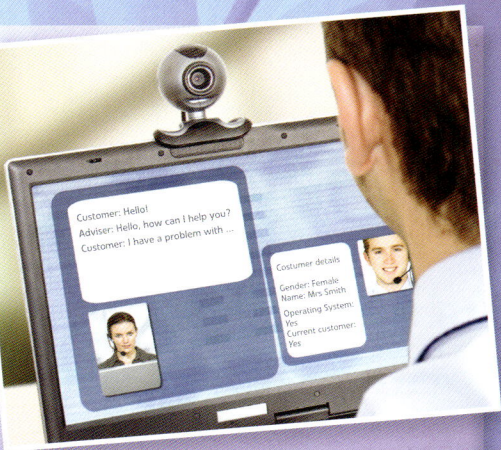

在线咨询

实时聊天和视频对于远程服务咨询和求职应聘是非常便利的，视频的交互能够为双方提供近距离接触、双向通话和视觉反馈等功能。

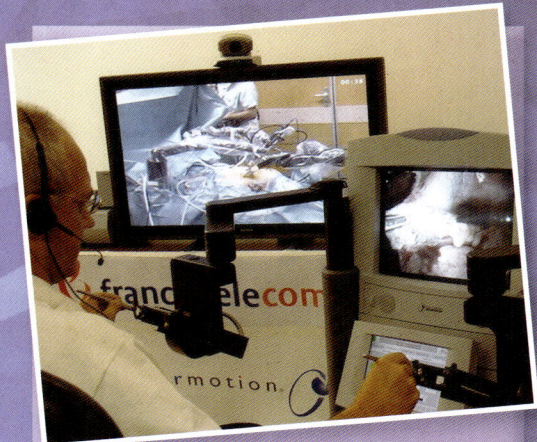

远程手术

高速视频技术和手术机器人能够帮助外科医生对那些需要他们的病人展开治疗，这些技术消除了"手术时医生和病人必须在同一地方"的限制，同时能够保障手术治疗的质量。

圣诞灯

"数字交互"的一个非常有趣的使用方法就是通过互联网对圣诞灯进行控制，在互联网上随机搜索就能找到一些控制圣诞灯的网站，而利用在线的选项就能够控制圣诞灯的开和关。

通过网络摄像头进行科学研究

能够在互联网上传输图像和声音的摄像头被称为"网络摄像头"，它们能够让科学家们对远程地点进行不间断监测，从而对一些动物的长期活动进行观察和记录，这种方式要比现场实地观察更为合适一些。

网络安全的要点之一就是要让父母知道自己的孩子在做什么，因为孩子们通常只对那些和技术相关的东西比较了解，而家长们则知道人们在网上应该怎样做，以及如何在网络环境中保证自己的安全等。

网络安全

网络世界的一大特点就是开放，这一特点得以让全世界的人共享信息。但是，开放的同时也意味着你必须学会谨慎，因为它也让人们能够更为容易地假冒他人来进行诈骗。

确保安全其实非常简单，但是需要一些意识、谨慎和努力。其中最为重要的事情就是一定要在你的电脑上安装安全软件，同时将其设定为"自动更新"。此外，要经常更换你的密码，以保证它们不会被猜出来，不要在网上发布详细的个人信息，也不要随意打开附件，除非你确定它们是安全的。

你知道吗？

有很多人所使用的密码很容易被猜出来，在设定密码的时候要注意避免出现以下内容：任何连续的字符串、password（中文"密码"的意思）、QWERTY（键盘字母第一排的头六个字母）、letmein（中文"让我进去"的意思）、宠物的名字或你的出生日期等。

网络聊天室

对于那些你不认识的人，一定不要向他（她）透露你的个人详细信息，哪怕是只言片语，比如学校名称、爱好和兴趣，或你通常去的地方等，因为某些人可能会利用它们来对你的个人身份进行确定。

网络犯罪

哪里有金钱和有价值的信息，哪里就会滋生盗窃行为，这不仅发生在真实世界中，在网络世界里也存在着。犯罪行为已经开始在网络世界里频发，一些犯罪分子出于不正当的目的而采取一系列的方法在网络上窃取有价值的信息。

一些犯罪分子利用计算机技术来侵入一些加密和没加密的网络数据库，寻找他们想要的东西，而有些犯罪分子则只对密码和账号等这些能让他们赚上一笔的个人信息比较感兴趣，也有的犯罪分子对上述两样东西都比较感兴趣。

信用卡

窃取信用卡信息以后，犯罪分子通过手机或在线的方式完成未经授权的购买行为。窃贼往往通过被黑的电脑、非法售卖个人信息的零售商和被丢弃的信用卡账单及收据来非法获取信息。

网上购物

在保证安全的情况下，网上购物的体验还是不错的。切记只去那些信誉良好的、采取了安全措施的知名公司的网站进行购买。许多人往往使用一张信用卡专门用来进行网上购物，同时这张卡的信用额度通常不会太高。

划取欺诈

　　犯罪分子在ATM机上安装一种叫"读卡机侧录器"的设备，在主人不知情的情况下非法收集银行卡背面磁条中的信息，从而利用这些信息制作克隆卡，盗取持卡人的钱。一些商场里的刷卡机也可能被安装这种侧录设备。

检查账单

　　对银行对账单的条目进行检查是非常重要的，这样能够确定你的信用卡是否被盗用，要知道并非所有的非法盗用数额都是巨大的，有些不法分子会专门使用盗用的信用卡进行小额交易，这样就不会引起持卡人的注意。

　　"网络钓鱼"是指某些人在网络上冒充卡主所信任的人或机构来获取信用卡资料及密码的一种非法行为。

网络发展历程

互联网和网络世界并不是一夜之间就奇迹般出现在我们眼前的，事实上，它们建立在那些已经稳定发展了数百年的技术之上，是一种基于多项创新成果之上的创新。其中有些技术实现了巨大的飞跃，比如互联网本身；而有些技术只是进行了小幅的改进而已，比如电视机从黑白"进化"到彩色。

这些创新为我们带来了今天的网络世界，在这个世界中，地球上各个角落里的人们之间的联系和信息之间的传递在数分钟内就能够完成。

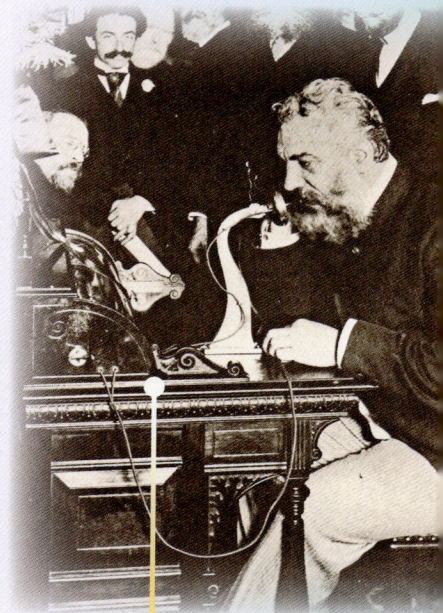

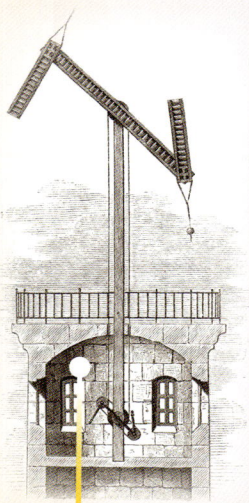

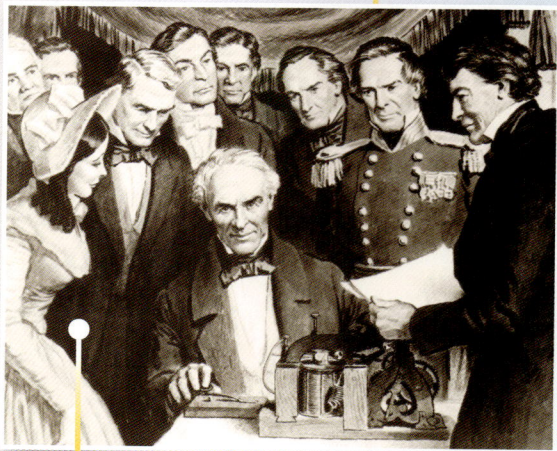

公元前700年

多年之前，最为快速、可靠的通信方式是利用信鸽来传递信息，经过训练之后，这些信鸽的腿上绑有要传递的信息，然后飞往已知的地点。

1792年

第一条信号灯信息通过克劳德·沙普设计的一系列信号塔完成了传递。这些信号塔把法国巴黎和里尔两个城市连接起来，这些拥有两条机械臂的设备在约32千米之外都能看得见。

1844年

1844年5月24日，第一条公开演示的电报由塞缪尔·摩尔斯发明的电报机从美国的华盛顿特区成功传送到了巴尔的摩，电报上的内容是："上帝创造了何等的奇迹！"

1876年

1876年3月10日，第一个成功的电话由苏格兰人亚历山大·格雷厄姆·贝尔打给了他的助手托马斯·沃森，贝尔在电话中所说的第一句话是："沃森，快过来，我需要你的帮助。"

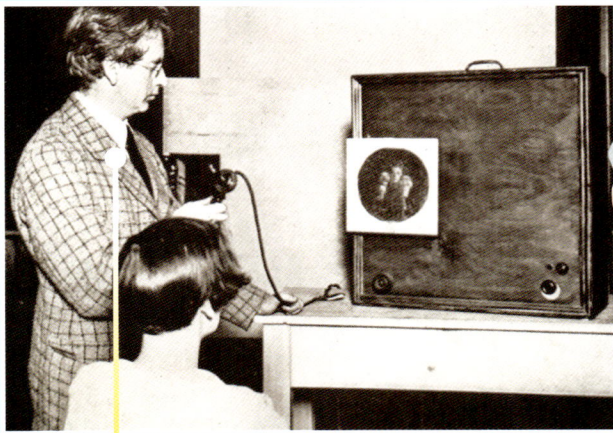

1895年

第一条广播由意大利人古列尔莫·马可尼（上图）成功演示出来，他将无线电信号传播了大约1.6千米。同年，俄罗斯的亚历山大·斯捷潘诺维奇·波波夫为公众演示了一台无线电接收器。

1927年

约翰·罗杰·贝尔德通过电话线将电视信号从英国的伦敦传送到约705千米以外的格拉斯哥。第二年，他的公司从英国伦敦向美国纽约成功发送了一个电视图像。

1970年

康宁玻璃公司的研究人员发明了一种能够传送光的玻璃纤维，相对于电力通信而言，这种纤维拥有革命性的、超快的数据传播速度和超长的数据传播距离。

1992年

1992年12月3日，尼尔·帕普沃思将第一条文本短信"圣诞快乐"成功发送到了理查德·贾维斯的手机上。在20世纪末，这种廉价的通信方式呈现出爆炸性的增长态势，全球每年手机短信的发送量达到数十亿条。

知识拓展

ATM机 (ATM)

"自动取款机"的简称，该设备能够对一个人的银行账户的详细资料进行确认，并完成现金存取等操作。

通信设备 (communications equipment)

用于人们和组织之间进行数据传输和接收的电子设备。

计算机网络 (computer network)

一些相互连接、共享数据的计算机的集合。

交换机 (exchange)

一种为电话机提供相互连接的通信设备。

防火墙 (firewall)

一种计算机保护软件，用来防止一些恶意的与不受欢迎的访问。

HTML

在互联网上创建网页过程中所使用的标准语言。

信息 (information)

被组织和翻译出来的具有意义的数据组合。

即时消息（IM）(instant messages)

比较短的、基于文本的、能够即时传递的消息。

互联网 (internet)

一个覆盖全球的、能够共享数据的计算机网络。

互联网电话 (internet telephony)

通过互联网上使用的电话，也被称为"网络电话"或"基于IP网络的语音传输"。

摩尔斯电码 (Morse code)

由塞缪尔·摩尔斯发明的一种电报代码，使用不同的标点和停顿来代表不同的英文字母。

网络钓鱼 (phishing)

企图通过诱骗用户透露其个人资料（如信用卡信息或密码），然后将其用于非法目的的行为。

电台 (radio)

一种通过在空气中发送无线电信号来进行信息传递的广播媒体。

实时通信 (real-time communication)

毫无延迟、在瞬间完成的一种通信方式。用电话进行交谈属于实时通信的一种，而报纸则不是。

卫星 (satellite)

驻留在太空里、能够把通信信号传递到地球上不同点的一种通讯设备。

旗语 (semaphore)

一种古代的通信系统，根据旗帜或提灯的不同位置来代表不同的字母或短消息。

信号灯 (signal lamps)

用来在夜间传递编码信息的灯。

划取欺诈 (skimming)

出于非法使用目的、利用某种设备来读取银行卡或信用卡信息的一种犯罪行为。

社交网络
(social network senvice)

使用如微博和QQ这样的网络站点来连接和分享朋友及熟人信息的一种网络。

电报 (telegraph)

使用电脉冲信号，而不是语音信号的一种信息传递设备，能够通过电线进行长距离传输。

触摸屏 (touch screen)

智能手机上常用的一种显示屏，对触摸的反应非常灵敏，因而可以通过触摸操作的方式进行用户输入。

市镇传报员 (town crier)

在大众面前朗读政府声明和近期新闻的行政人员。

网络摄像头 (webcam)

一种通过互联网传输图像的摄像头，这些图像通常能够被公众看到。

探索·科学百科™

Discovery EDUCATION™

世界科普百科类图文书领域最高专业技术质量的代表作

小学《科学》课拓展阅读辅助教材

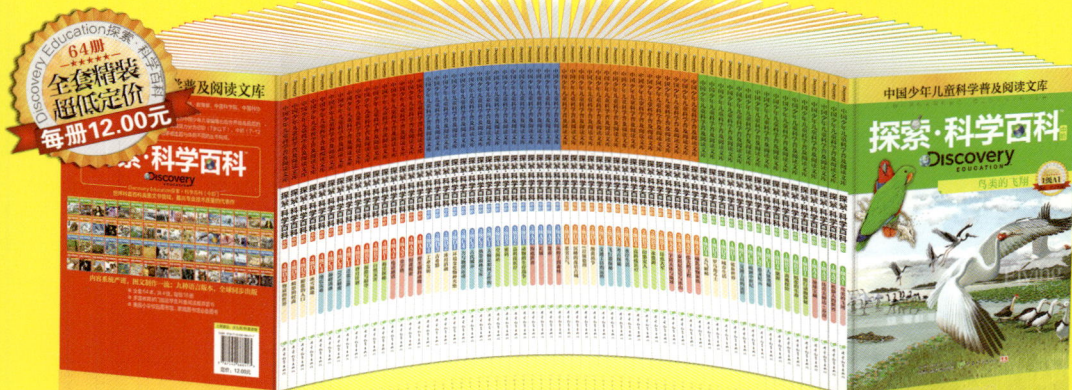

64册
全套精装
超低定价
每册12.00元

Discovery Education探索·科学百科（中阶）丛书，是7~12岁小读者适读的科普百科图文类图书，分为4级，每级16册，共64册。内容涵盖自然科学、社会科学、科学技术、人文历史等主题门类，每册为一个独立的内容主题。

Discovery Education
探索·科学百科（中阶）
1级套装（16册）
定价：192.00元

Discovery Education
探索·科学百科（中阶）
2级套装（16册）
定价：192.00元

Discovery Education
探索·科学百科（中阶）
3级套装（16册）
定价：192.00元

Discovery Education
探索·科学百科（中阶）
4级套装（16册）
定价：192.00元

Discovery Education
探索·科学百科（中阶）
1级分级分卷套装（4册）（共4卷）
每卷套装定价：48.00元

Discovery Education
探索·科学百科（中阶）
2级分级分卷套装（4册）（共4卷）
每卷套装定价：48.00元

Discovery Education
探索·科学百科（中阶）
3级分级分卷套装（4册）（共4卷）
每卷套装定价：48.00元

Discovery Education
探索·科学百科（中阶）
4级分级分卷套装（4册）（共4卷）
每卷套装定价：48.00元